你想与谁相伴一生？

致那些不小心走失的、或升华为爱情的、有幸持续一生的友谊

［德］海克·法勒 文　［意］瓦莱里奥·维达里 图

俞洁琼 译

不知何时,

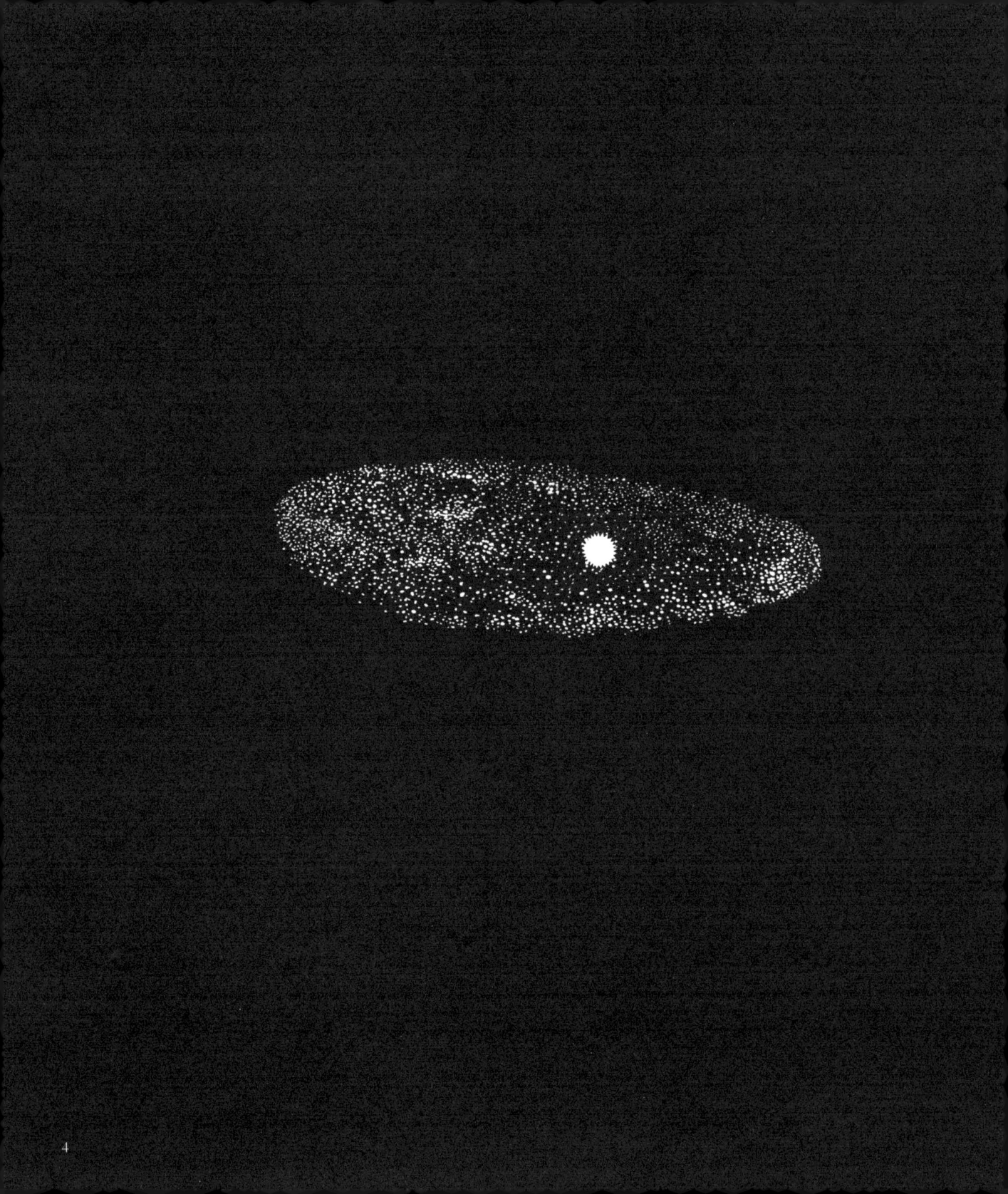

在一个被称为银河的星系中，

在群星闪耀下，

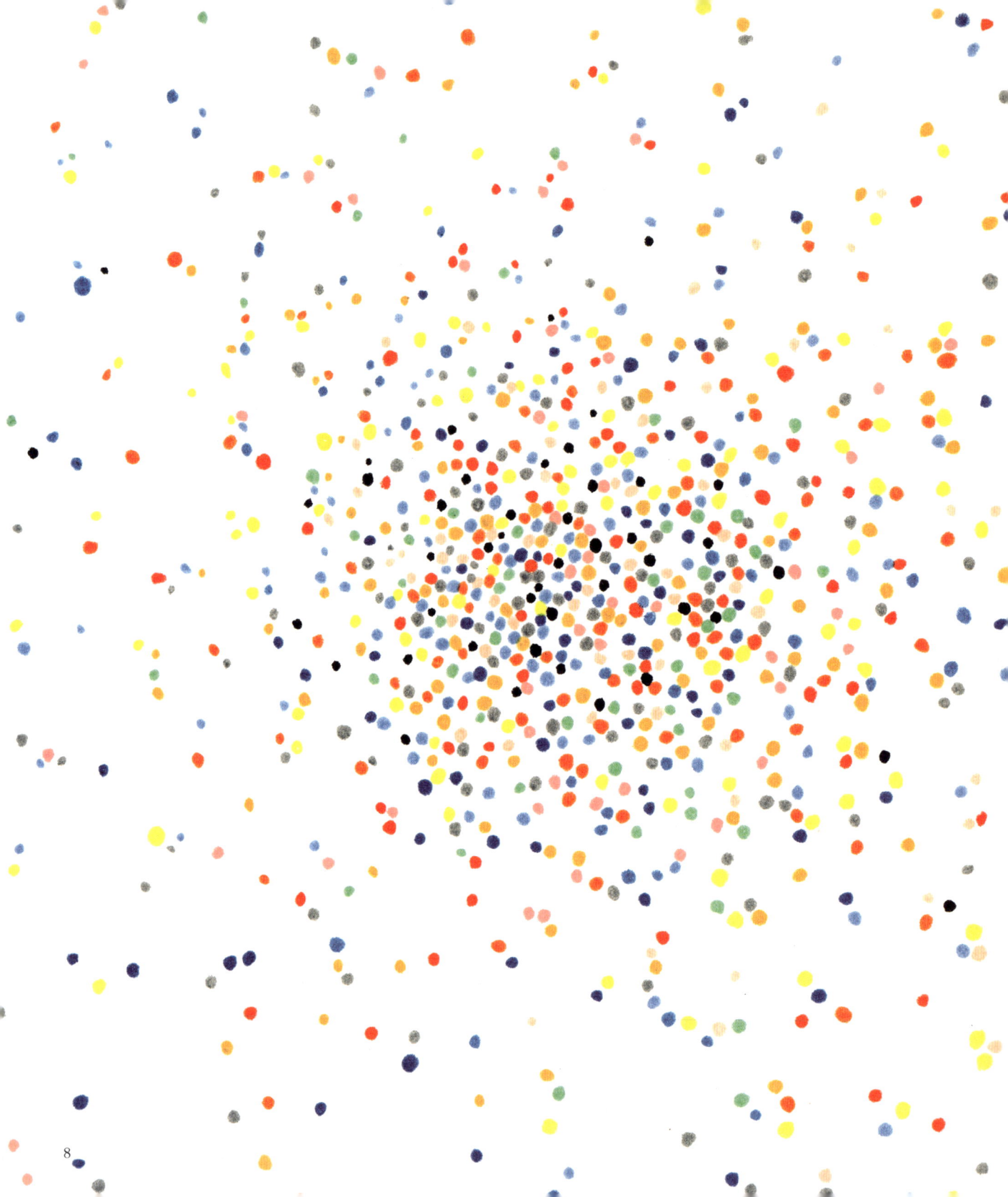

在芸芸众生中，

我和你以某种方式相遇；

在原野上,

在赛场上，

在受伤时；

在清晨5点,

在下午5时；

在高空，

在地面；

在惬意憩息时,

在两难困境中。

最初，我们并没有那么亲密。

我们的时间仿佛无穷无尽。

玩尽一切可能的游戏，

探索——

我们能走多远。

我们分享各自的食物，

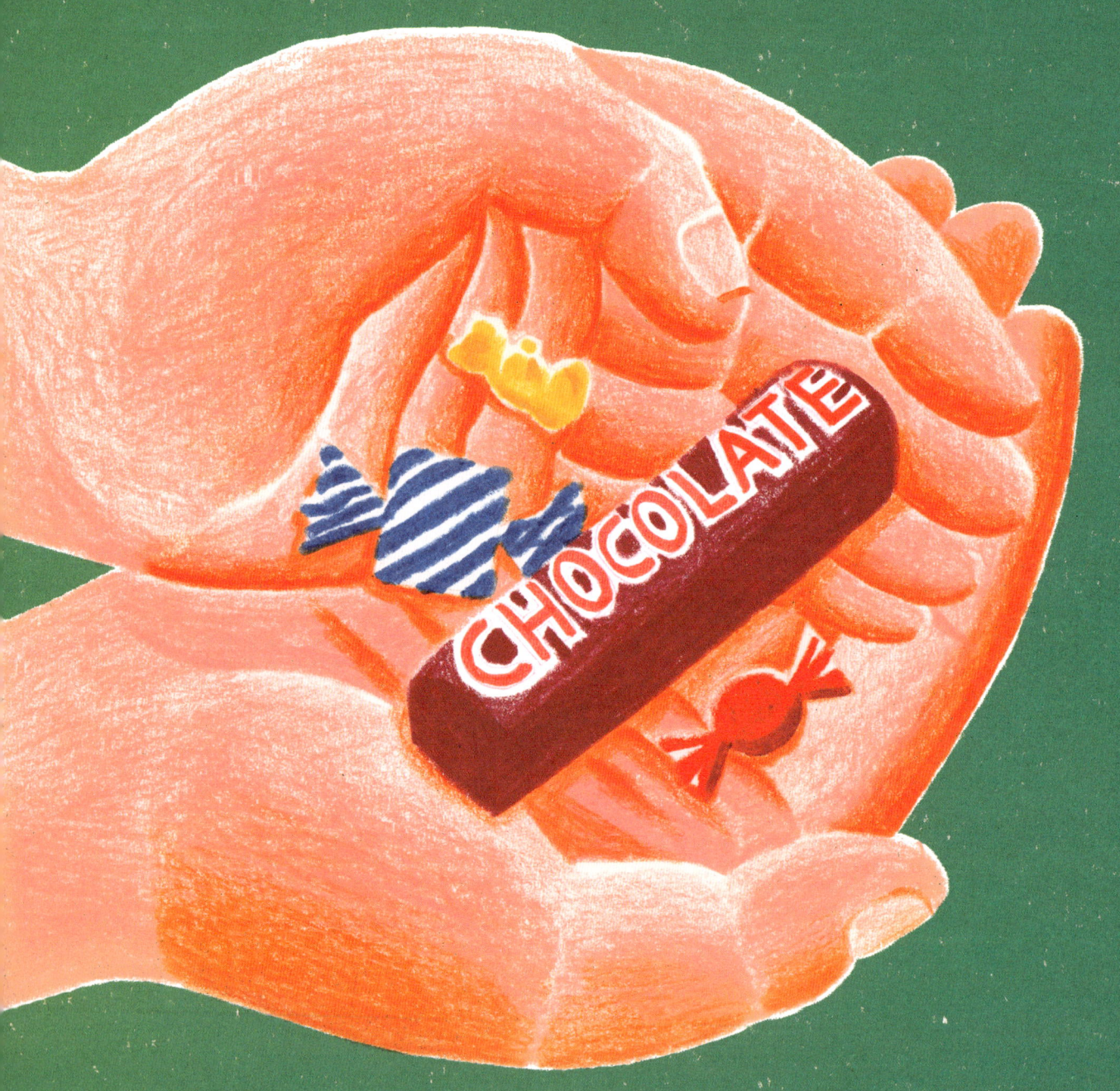

做这些，

和那些，

让众人为之抓狂的事情。

我们半夜去游泳，

一起寻找自我,

一起遗忘时间。

一起认识世界，

然后，尝试改变世界，

把它变成自己的家。

我承认,有一阵子我觉得你很无聊。

不知道你是怎么评价我的。

也许,我们只是太不一样了。

为什么你从来不过问我的生活?

也许你找到了新朋友，

或者已经搬家离开，

或者对见面失去了兴趣，

又或者只是刚巧不在。

我们离对方越来越远，

虽然我时常会想起你。

 我

 ✓朋友

其他人闯入了我们的生活。

也许我们正面临相似的处境：

在泥沼里，

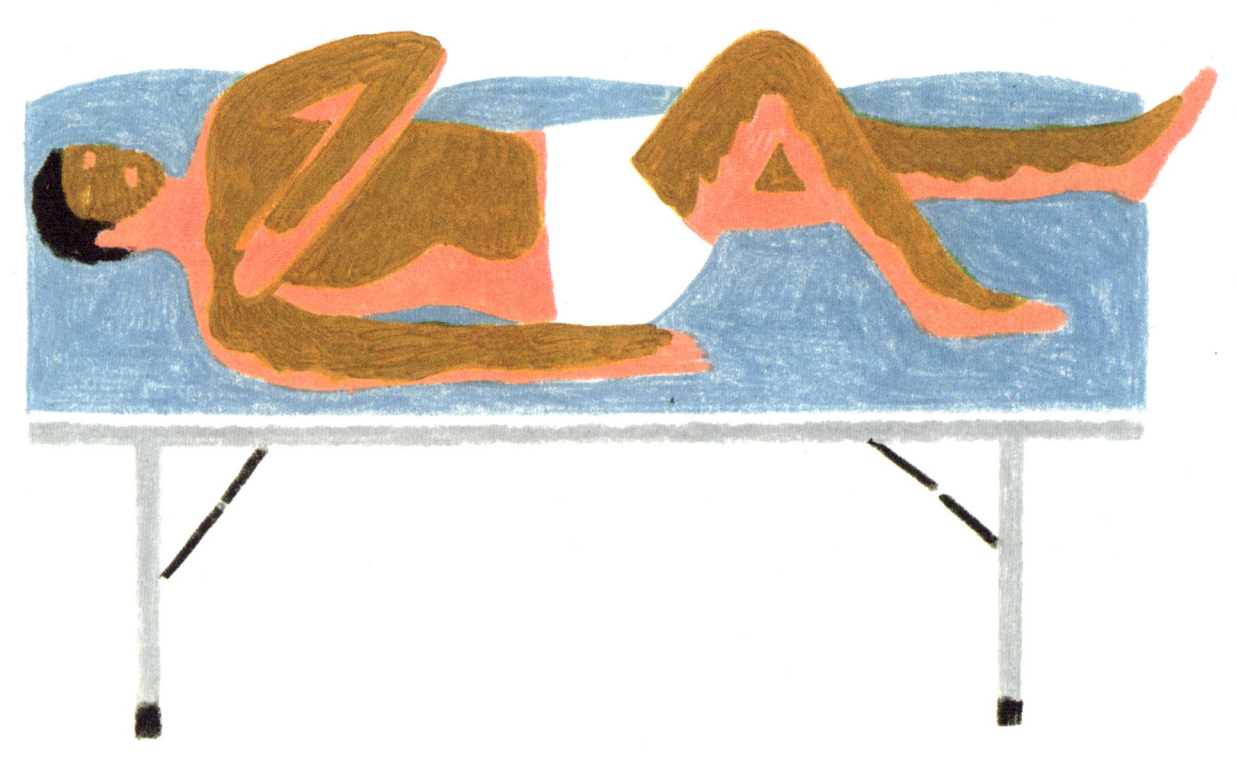

在泥浴中，

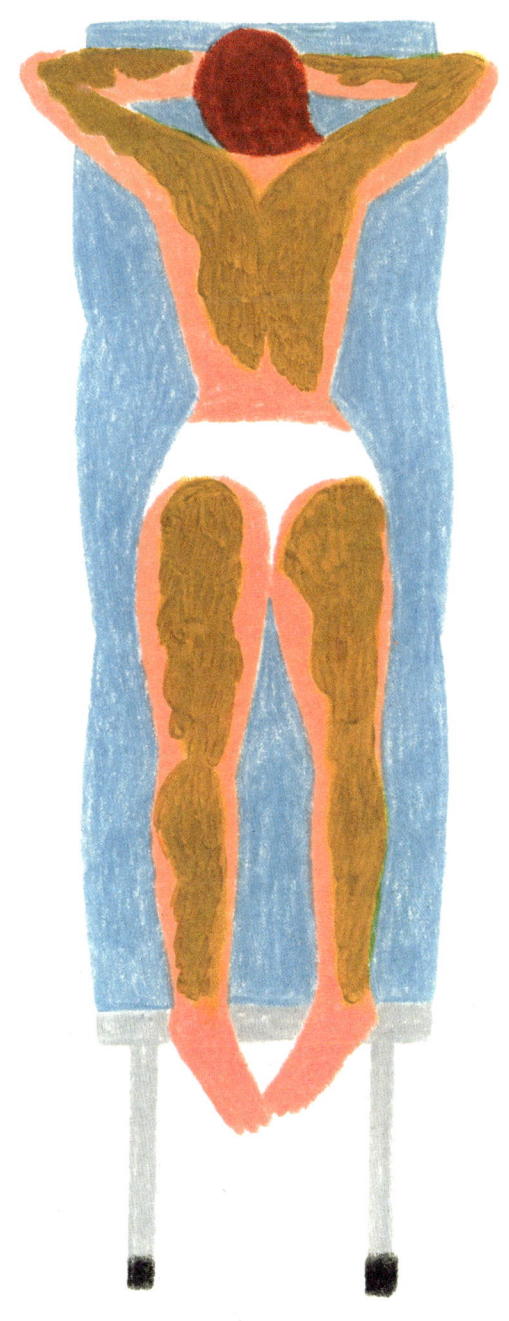

肩负使命，

束手无策,

或困惑不已。

而逝去的几年光阴,

已经拉开了光年般的距离，

地址也已发生改变。

Pauline Lotti

soulriver street 20

10117 HUTSFIELD

*明信片上的外文从左到右意思为：嗨，姑娘！保利娜·洛蒂，灵魂大街20号，邮编10117，胡兹菲尔德

直到有一天,我们再次相遇,

一次，

又一次。

我喜欢你观察他人的样子，

喜欢看到生活带给你的改变，

尽管有时我会萌生嫉妒。

也许我们会以相似的方式处理问题,

并且都懂得把握时机。

我喜欢你和我开玩笑的样子,

给我介绍伴侣，

带我见你的家人,

指出我的错误所在，

但无论我做什么都坚定支持,

并且向我袒露心扉。

你知道你还是可以凌晨4点给我打电话的,对吧?

每次和你相见,我都会放松一些。

有时我们甚至说着相似的话。

我们已经一起走了多远?

在公园里，

在河面上，

在山坡上,

在烈日下。

多少次，你替我铺好床，

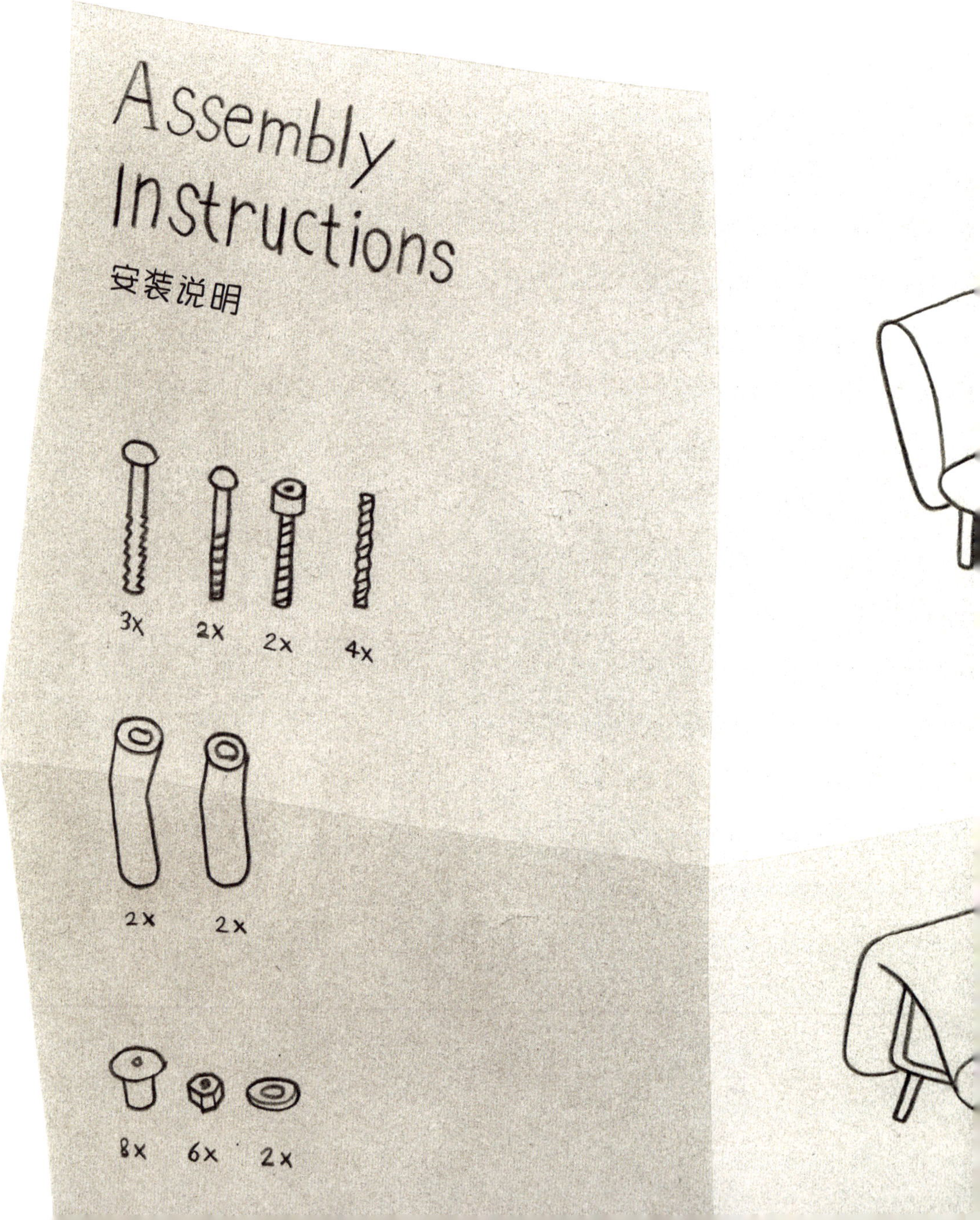

而我则为我们再斟上一杯：

敬所有的友谊！

也许是点头之交，

也许是一生挚友，

也许升华成爱情，

也许相忘于江湖。

有时,从某个角度看去,我惊觉我们都已老去,

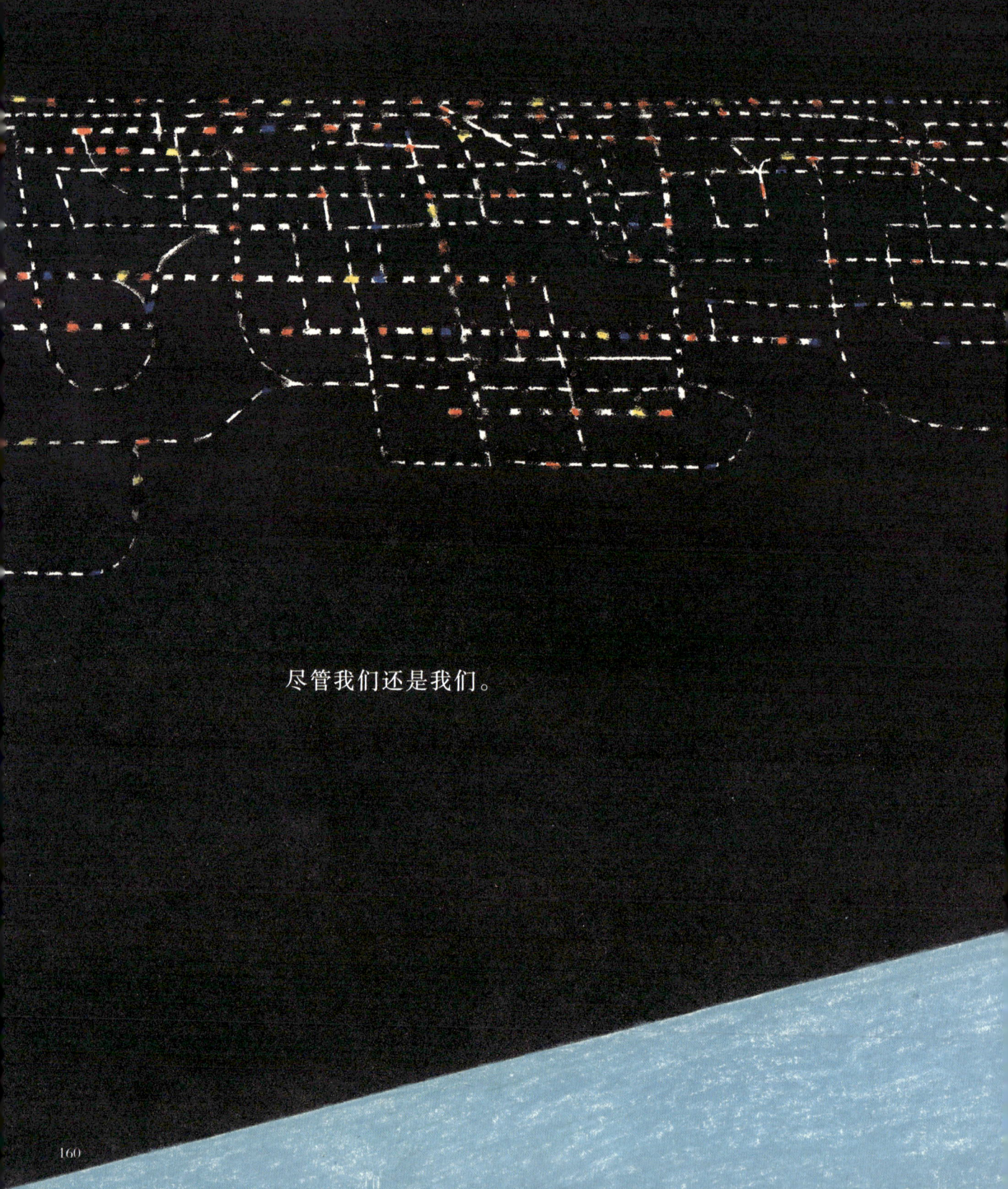
尽管我们还是我们。

你曾说过，有爱的我们永远都是少年。

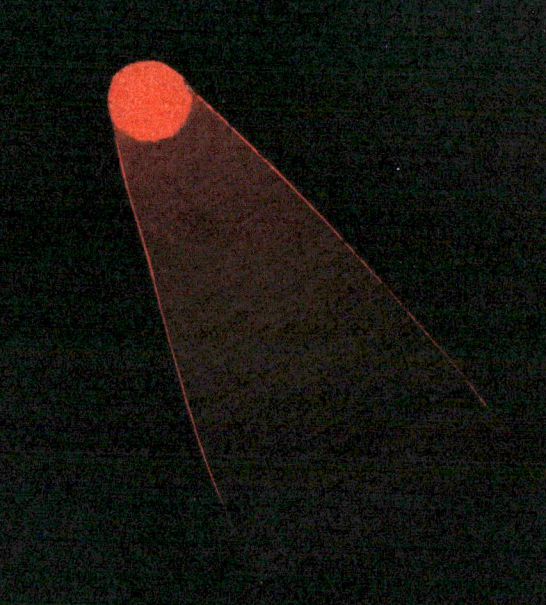

虽然你性子很急却又总是迟到,

但我知道你迟早会找到我。

168

希望，我们还可以一起

结伴同行。

灵感来源

参加完一个朋友的生日聚会后,我萌生了创作这本书的想法。那是一位我刚认识几个月的朋友。我们几十人一道,乘坐游船穿行在柏林的夜色中。此间,他在桌旁来回走动,介绍朋友们互相认识。有些是他的中学同学,失去联系后又重新相遇;有些是他太太的朋友,后来也成为了他的朋友;有些是他的同事,也是他的朋友;还有一些像我一样,是他人生中的新朋友。他将我们的相识称作一见钟情的友谊,那是一种瞬间萌发、无法解释的好感。

我们就这样在施普雷河上缓缓前行。当小船第一次进站停靠时,我便上了岸。因为有个朋友要来家里过夜,我得提前回家。在回家路上,我开始了对友谊的思考:我和这位新朋友为何如此投缘,我们的友谊会在某个时刻结束,还是会一直持续下去?大千世界中,两个人认识彼此并成为朋友,是一件多么神奇的事情。或许在原野上,或许在房间里,也或许是在聚会上;可能是清晨5点,也可能是下午5点……

事情就是这样开始的。当天晚上,我就决定写一本关于友谊的书。来家过夜的朋友是我认识多年的好友。她的鼓励坚定了我写作的信心,而这也是我珍视这段友谊的原因之一。

我20出头就认识她了。当时,我们一起作为自由记者在纽约工作。每天早上,我们都会在百老汇大街上的一个小房间里见面,那是我们租的办公室。小房间里还有另外一个女生,我们仨的关系都不错,但不知为何后来和那个女生极少见面,而我和来家过夜的这位朋友间的友谊一直维持了下来。

为了更好地了解友谊，我建立了一条友谊链：我请一位朋友向我讲述他的一位朋友，然后再去请那个人讲述另一位朋友的故事……以此类推。就这样，我在我慕尼黑室友的厨房里认识了乌塔；通过乌塔，我认识了与她一道参加过纽约一个互惠生交流活动的萨宾娜；萨宾娜后来因为工作需要，和一位名叫斯蒂芬的同事走遍美国，不知何时，他们俩之间的友谊升华成了爱情；他俩要结婚时，斯蒂芬又认识了萨宾娜的前男友，两个男人某一次在啤酒花园餐厅会面，然后他们也成为了朋友，不过这又是另一段故事了。让我们回到萨宾娜这里。几年前，她参加慕尼黑机场的一场地勤人员培训，在吃饭时正好坐在一位名叫约翰娜的女孩对面。两人相视一笑，一段持续数十年的友谊就此诞生。约翰娜贴在口译学院的一则广告，帮助她认识了来自塔吉克斯坦、当时正在养鹅的奥尔加。许多年后，奥尔加搬去了美国，她的侄子拉斐尔每个夏天都会去那里看她。有一天，她突然发现拉斐尔就像她的朋友，他们可以无话不谈。拉斐尔14岁时在巴塞尔的狂欢节上与一个叫赛琳娜的女孩一见如故。赛琳娜有许多朋友，但只有一个是……

如此往复，这个友谊链不知不觉已经串起了二十几人，很快就能绕地球三圈了。

我从这些关于友谊的谈话中学会了什么呢？

有的人确实有一些上小学就认识的朋友，后来他们依然维系着友谊。但我所知晓的大部分友谊都产生于二三十岁之间。在这个年龄段，一个来自偏远地区的人也许第一次有机会认识那些和他志同道合的人。同时，这个阶段的人各方面都已基本成形，不会像两个有着不同人生轨迹的儿时玩伴一样，随着年岁的增长发生翻天覆地的变化。几乎所有人都提到了一种下意识的感觉，这种感觉就像一开始就存在于两人之间的化学反应。这种现象也被神经科学所证实：大脑对同一事物作出的反应越相似，两个人就越可能成为朋友。

但我也发现，最初的化学反应并不能决定两个人的友谊究竟会持续20年还是30年。我和认识最久的那些朋友每隔几年就会跨越一个障碍。两个人结交需要化学反应——这是一种混杂着相似和陌生的感觉，但是要想维系一段友情，就需要花时间共处并具备解决各类争端的能力。或者正如我友谊链中的一个人所说："就算有更重要的事情要做，友谊也必须不时得到浇灌。"

所有这些友谊的特点都已经被研究过，唯有一件事是我从这些朋友的对话中发现、却至今未能得到实证材料肯定的。他们在谈论友谊时，总会提到这样一点：自己身上有些容易招致他人不满、给自己带来困惑的特质，却能在友谊中获得认同。一位女大学生在开学第一天被一个同学爽朗的笑声所感染，对她表现出来的自信产生了深刻印象，后来两人成为了好朋友，而她也变得更加自信起来；还有一个女孩一直觉得自己遭人排斥，但在参加计算机职业培训时遇到一群和她一样的技术怪咖后，从此改变了想法。又比如：玛利亚在带婴儿游泳时认识了瑞贝卡，从此找到了聆听自己古怪想法的人；安德烈亚斯和米尔塔都曾在国外生活，有着无法适应家乡的共同经历；拉斐尔总觉得自己不善言辞，而他所认识的赛琳娜恰恰善于聆听；赛琳娜总是快言快语，这曾令许多人感到困惑，但梅雷特是个例外，因为她也是一个直肠子。

《诺丁山》是我最喜爱的电影之一，它其实是一个爱情故事，但同时也关乎友谊。片子讲述了一群老友陪伴在男主角身边，支持他追求疯狂的爱情。在其中一个场景中，休·格兰特将她的明星女友朱莉娅·罗伯茨带去朋友家参加一场生日聚会。食物烤焦了，而且女明星的在场让所有人都感到拘束。最后他们决定玩一个游戏，谁的境况最惨就能得到最后一块布朗尼蛋糕：已经截瘫一段时间的女主人告诉大家她和丈夫没法生育孩子；在场的一位股票经纪人说自己刚刚被炒了鱿鱼，而且从青春期开始就没有过约会；休·格兰特在电影里的妹妹有着严重的脱发和感情问题；而身为超级明星的朱莉娅·罗伯茨则告诉大家，她是因为多次整容才获得演出机会，而且之前所交往的一群男友都对她不好。

这是我最喜欢的描绘友谊的场景之一，因为剧中人物做了我们在大多数人面前不但不会做，还要加以掩饰的事情，即袒露自己的困境和古怪之处。而这其实是每个人身上都存在的东西。然后，他们看向对方的脸庞，发现自己依旧，甚至正因如此被喜爱着——这便是友谊。

图书在版编目（CIP）数据

你想与谁相伴一生？/ (德)海克·法勒文；(意)瓦莱里奥·维达里图；俞洁琼译. -- 北京：北京联合出版公司, 2021.11
ISBN 978-7-5596-5613-1

Ⅰ.①你… Ⅱ.①海… ②瓦… ③俞… Ⅲ.①人生哲学—通俗读物 Ⅳ.①B821-49

中国版本图书馆CIP数据核字(2021)第205364号

Freunde. Was uns verbindet
Author/Illustrator: Heike Faller, Valerio Vidali
Copyright © 2020 by Kein & Aber AG Zurich—Berlin.
All rights reserved.
Simplified Chinese edition copyright © 2021 by GINKGO (BEIJING) BOOK CO.,LTD.

本书中文简体版权归属于银杏树下（北京）图书有限责任公司
北京市版权局著作权合同登记　图字：01-2021-5949

你想与谁相伴一生？

著　　者：［德］海克·法勒 ［意］瓦莱里奥·维达里
译　　者：俞洁琼
出品人：赵红仕
选题策划：银杏树下
出版统筹：吴兴元
编辑统筹：郝明慧
特约编辑：刘叶茹
责任编辑：龚　将
营销推广：ONEBOOK
装帧制造：墨白空间·巫粲

北京联合出版公司出版
（北京市西城区德外大街83号楼9层　100088）
后浪出版咨询（北京）有限责任公司发行
天津图文方嘉印刷有限公司　新华书店经销
字数138千字　889毫米×1194毫米　1/20　9.2印张
2021年11月第1版　2021年11月第1次印刷
ISBN 978-7-5596-5613-1
定价：118.00元

后浪出版咨询(北京)有限责任公司常年法律顾问：北京大成律师事务所　周天晖 copyright@hinabook.com
未经许可，不得以任何方式复制或抄袭本书部分或全部内容
版权所有，侵权必究
本书若有质量问题，请与本公司图书销售中心联系调换。电话：010-64010019